R.S.
12/06/23

Places dans un théâtre Romain

© Juin 2023, R.S.

I0505107

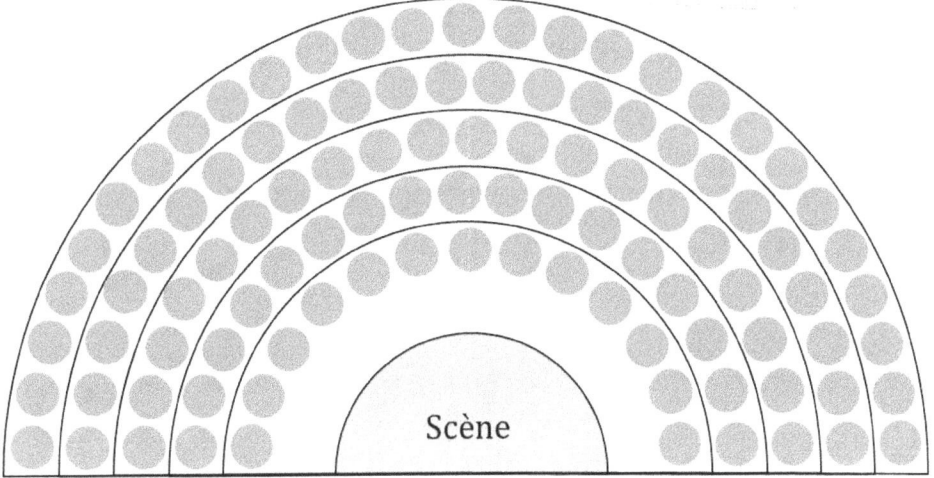

Table des matières

R.S.
12/06/23

A Amélie et Victor

« Le théâtre est une tribune.

Le théâtre est une chaire.

Le théâtre parle fort et parle haut »,

Victor Hugo, préface de Lucrèce Borgia.

1. Introduction

Un théâtre romain dispose de plusieurs places assisent les unes à côté des autres en demi-cercle et les unes au-dessus et en-dessous des autres. Il y a donc un nombre de places par rangée chacune en demi-cercle du plus petit au bord de la scène au plus grand le plus éloigné de la scène. On pose :

$$
\left\{
\begin{array}{c}
i = i^{\text{ième}} \; rangée \\
- \\
r_i = rayon \; du \; demi-cercle \; de \; la \; i^{\text{ième}} \; rangée \; au \; centre \; de \; la \; scène \\
- \\
e = distance \; d'une \; rangée \; à \; la \; suivante \; ou \; la \; précédente \\
- \\
n = nombre \; total \; de \; rangées \; du \; théâtre \\
- \\
L = diamètre \; du \; demi-cerle \; du \; théâtre \\
- \\
N = nombre \; total \; de \; places \; dans \; le \; théâtre \\
- \\
p = largueur \; d'une \; place \; (pour \; 1 \; personne)
\end{array}
\right.
$$

Voici une illustration de ce théâtre romain :

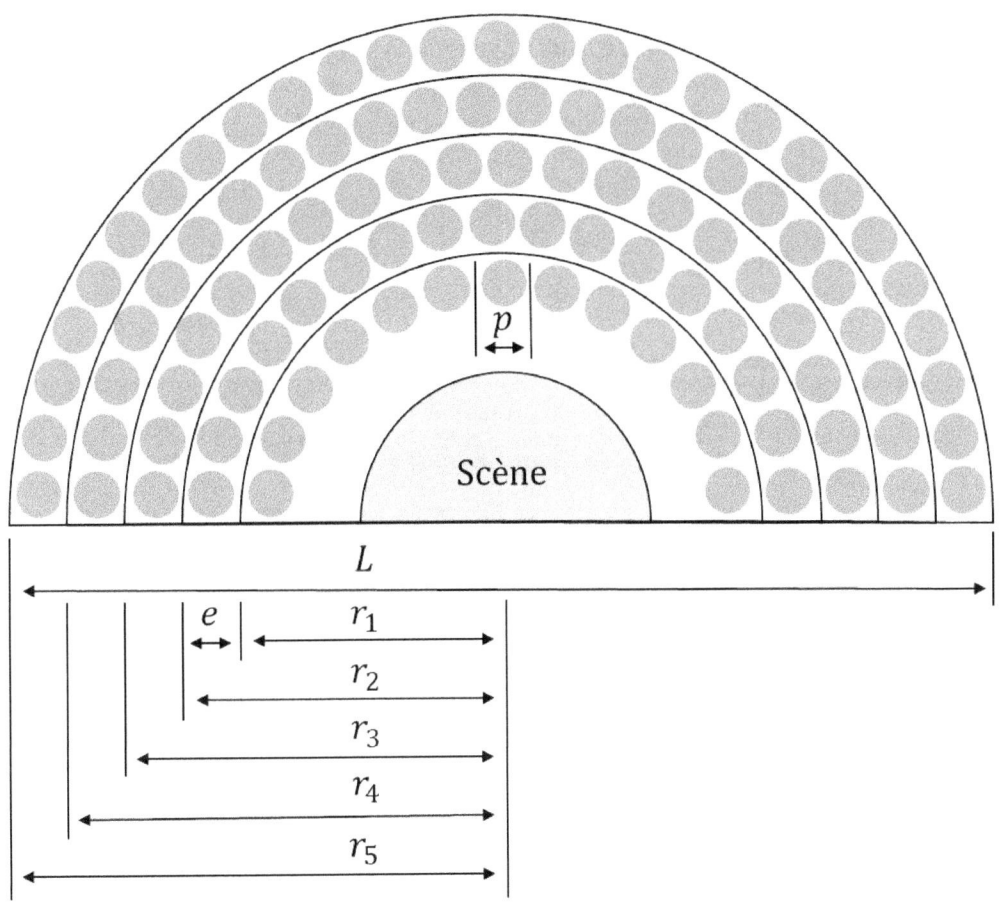

2.Théâtre demi circulaire

On connait donc ici le nombre de places minimum N dont on souhaite que le théâtre dispose. On connait également la taille du théâtre, c'est-à-dire de sa plus grande longueur L. On sait la distance e entre les rangées et la largeur d'une place p. Ainsi, on a :

$$Longueur\ d'une\ rangée = Périmètre\ du\ demi-cercle\ de\ la\ rangée\ i = \frac{2\pi r_i}{2} = \pi r_i$$

$$Nombre\ de\ places\ d'une\ rangée = \left\lfloor \frac{\pi r_i}{p} \right\rfloor \leq \frac{\pi r_i}{p}$$

$$Nombre\ de\ places\ de\ n\ rangées = N = \sum_{i=1}^{n} \left\lfloor \frac{\pi r_i}{p} \right\rfloor \leq \sum_{i=1}^{n} \frac{\pi r_i}{p}$$

Or :

$$Rayon\ de\ la\ 1^{ière}\ rangée = r_1$$

$$Rayon\ de\ la\ 2^{nde}\ rangée = r_2 = r_1 + e$$

$$Rayon\ de\ la\ 3^{ième}\ rangée = r_3 = r_2 + e = r_1 + 2e$$

$$...$$

$$Rayon\ de\ la\ n^{ième}\ rangée = r_n = r_{n-1} + e = r_1 + (n-1)e$$

D'où :

$$Nombre\ de\ places\ de\ n\ rangées = N = \sum_{i=1}^{n} \left\lfloor \frac{\pi(r_1 + (i-1)e)}{p} \right\rfloor \leq \frac{\pi n}{p}\left(r_1 + \frac{n-1}{2}e\right)$$

On cherche à avoir le maximum de places en un minimum d'espace. C'est-à-dire le moins possible d'espace perdu dans les rangées. Pour cela, il faut que l'espace disponible par rangée πr_i soit le plus possible divisible par la largeur d'une place p. Soit :

$$\left\lfloor \frac{\pi r_i}{p} \right\rfloor \approx \frac{\pi r_i}{p}$$

Pour cela on choisit :

$$p = \frac{\pi}{k}$$

Soit :

$$\left\lfloor \frac{\pi r_i}{p} \right\rfloor = k r_i = r_1 + (i-1)e$$

On a ainsi :

$$N = \sum_{i=1}^{n} \left\lfloor \frac{\pi r_i}{p} \right\rfloor = k \sum_{i=1}^{n} r_i = k \sum_{i=1}^{n} (r_1 + (i-1)e) = kn\left(r_1 + \frac{n-1}{2}e\right)$$

De plus, le rayon du demi-cercle du théâtre romain doit être au moins égal à la distance de la dernière rangée au centre de la scène. Soit :

$$\frac{L}{2} \geq r_n = r_1 + (n-1)e$$

D'où :

$$n \leq \frac{\frac{L}{2} - r_1}{e} + 1 = \frac{L + 2(e - r_1)}{2e}$$

Ainsi :

$$N \leq \frac{k}{2e}\left(\frac{L}{2} + e - r_1\right)\left(\frac{L}{2} + r_1\right)$$

Ces équations répondent à bons nombres de questions que nous développons dans les pages suivantes.

3. Question et résolution

On prend un exemple avec :

$$\begin{cases} p = \dfrac{\pi}{6} \approx 0{,}52 \ m\grave{e}tre \to k = 6 \\ \quad\quad e = 1 \ m\grave{e}tre \end{cases}$$

D'où :

$$N \leq 3\left(\frac{L}{2} + 1 - r_1\right)\left(\frac{L}{2} + r_1\right)$$

<u>Questions à une inconnue</u>

1. A quelle distance est la première rangée de la scène si on dispose d'au moins 1000 places pour un demi-cercle du théâtre de 50 ?

$$N \leq 3\left(\frac{L}{2} + 1 - r_1\right)\left(\frac{L}{2} + r_1\right) \to r_1^2 - r_1 + \frac{N}{3} - \frac{L}{2}\left(1 + \frac{L}{2}\right) \leq 0$$

$$\to r_1 \leq \frac{1}{2}\left(1 + \sqrt{1 + L(2 + L) - \frac{4}{3}N}\right) = \frac{1}{2} + \frac{1}{2}\sqrt{\frac{3803}{3}} \approx 18{,}3 \ m\grave{e}tres \ au \ maximum$$

Quelle est alors le rayon de la scène le plus grand possible ?

$$r_1 - e \leq -\frac{1}{2} + \frac{1}{2}\sqrt{\frac{3803}{3}} \approx 17{,}3 \ m\grave{e}tres \ de \ rayon \ au \ maximum$$

~

2. Quel rayon le demi-cercle du théâtre doit avoir à minima pour disposer de 1000 places avec une première rangée à 10 mètres de la scène ?

$$N \leq 3\left(\frac{L}{2}+1-r_1\right)\left(\frac{L}{2}+r_1\right) \rightarrow \frac{L^2}{2}+L+2\left(r_1-r_1^2-\frac{N}{3}\right) \geq 0$$

$$\rightarrow \frac{L}{2} \geq \frac{1}{2}\left(-1+\sqrt{1+4\left(r_1^2-r_1+\frac{N}{3}\right)}\right) = -\frac{1}{2}+\frac{1}{2}\sqrt{\frac{5083}{3}} \approx 20,08 \ mètres \ à \ minima$$

~

3. Combien de places dispose-t-on au plus si le demi-cercle du théâtre mesure 43 mètres et que la première rangée est distante de 10 mètres de la scène ?

$$N_{max} = \left\lfloor 3\left(\frac{42}{2}+1-10\right)\left(\frac{42}{2}+10\right)\right\rfloor = 1\,181 \ places \ au \ maximum$$

Et si pour raison sanitaire, une place sur deux doit rester vacante ?

$$N_{max} = \left\lfloor \frac{1\,181}{2}\right\rfloor = 590 \ places \ au \ maximum$$

Attention, ici le nombre de places doit toujours être un nombre entier.

~

4. Quelle largeur unique de place peut on se satisfaire au maximum avec un théâtre de 1000 places de rayon de 50 mètres, que la première rangée est distante de 8 mètres de la scène et que la distance inter-rangée est de 1 mètre ?

$$p \leq \frac{\pi}{2Ne}\left(\frac{L}{2} + e - r_1\right)\left(\frac{L}{2} + r_1\right) = \frac{297\pi}{1000} \approx 0{,}9331 \ mètre = 93{,}31 \ cm$$

On peut donc ici installer de larges places de près d'un mètre de large.

~

5. Quelle largeur inter rangée maximale peut on avoir avec un théâtre comportant 2000 places, de longueur de demi-cercle du théâtre de 50 mètres et que la première rangée est distante de 5 mètres de la scène ?

$$N \leq \frac{k}{2e}\left(\frac{L}{2} + e - r_1\right)\left(\frac{L}{2} + r_1\right) \ et \ \frac{k}{2} = 3$$

$$\rightarrow e \leq \frac{\frac{L}{2} - r_1}{\frac{N}{3\left(\frac{L}{2} + r_1\right)} - 1} = \frac{180}{191} \approx 0{,}9424 \ mètre = 94{,}24 \ cm$$

On peut donc ici obtenir une large profondeur de place de près d'un mètre de large.

Questions à deux inconnues

1. Si on dispose d'un théâtre d'une capacité d'au moins 3000 places, quelle est la longueur minimale entière du demi-cercle de ce théâtre selon la distance de la première rangée à la scène ?

$$3000 = N \leq 3\left(\frac{L}{2} + 1 - r_1\right)\left(\frac{L}{2} + r_1\right) \rightarrow L \geq -1 + \sqrt{1 + 4\left(r_1^2 - r_1 + \frac{N}{3}\right)}$$

D'où :

$$L_{min} = \left\lceil -1 + \sqrt{1 + 4(r_1^2 - r_1 + 1000)} \right\rceil \; mètres$$

Attention, ici la longueur du diamètre du théâtre doit être entière.

~

2. Si la longueur du demi-cercle de ce théâtre mesure 100 mètres, combien de places peut-on au plus obtenir au maximum en fonction de la distance de la première rangée à la scène ?

$$N_{max} = \left\lfloor 3\left(\frac{L}{2} + 1 - r_1\right)\left(\frac{L}{2} + r_1\right) \right\rfloor = \lfloor 3(51 - r_1)(50 + r_1) \rfloor \; places \; au \; maximum$$

Attention, ici le nombre de places doit toujours être un nombre entier.

~

3. Si la longueur du demi-cercle de ce théâtre mesure 100 mètres, à quelle distance entière au plus, la première rangée doit-elle être de la scène en fonction du nombre de places disponibles ?

$$N \leq 3\left(\frac{L}{2}+1-r_1\right)\left(\frac{L}{2}+r_1\right) \rightarrow r_1 \leq \frac{1}{2}+\frac{1}{2}\sqrt{1+L(2+L)-\frac{4}{3}N}$$

D'où :

$$r_{1_{max}} = \left\lfloor \frac{1}{2}+\frac{1}{2}\sqrt{10201-\frac{4N}{3}}\right\rfloor \; mètres \; au \; maximum$$

Attention, ici la distance à la scène doit être entière.

~

4. Si la première rangée est à 20 mètres du centre de la scène, combien de places au maximum dispose le théâtre en fonction de la longueur du demi-cercle de celui-ci ?

$$N \leq 3\left(\frac{L}{2}+1-r_1\right)\left(\frac{L}{2}+r_1\right) \rightarrow N_{max} = \left\lfloor 3\left(\frac{L}{2}-19\right)\left(\frac{L}{2}+20\right)\right\rfloor \; places \; au \; maximum$$

Attention, ici le nombre de places doit toujours être un nombre entier.

~

5. Quelle est le nombre total de rangées n au maximum ?

$$n \leq \frac{L}{2}-r_1+1 \rightarrow n_{max} = \left\lfloor\frac{L}{2}-r_1+1\right\rfloor$$

R.S.
12/06/23

~

Nous avons ainsi répondu à bons nombres de questions sans difficultés particulières.

4. Théâtre demi circulaire avec balcon

On reprend le même théâtre en y ajoutant un balcon demi circulaire également mais à partir de la $m^{ième}$ rangée jusqu'à la dernière et en hauteur bien sûr. Cela revient à doubler (par superposition verticale) les rangées à partir de la $m^{ième}$. On a donc :

$$\begin{cases} n = nombre\ total\ de\ rangées\ du\ théâtre\ au\ rez-de-chaussée \\ m = nombre\ total\ de\ rangées\ du\ théâtre\ au\ 1er\ balcon \end{cases} \rightarrow m < n$$

Et :

$$Nombre\ de\ places\ de\ n\ rangées\ et\ du\ balcon\ à\ partir\ de\ la\ m^{ième}\ rangée =$$

$$N = \sum_{i=1}^{n}\left\lfloor\frac{\pi r_i}{p}\right\rfloor + \sum_{i=m}^{n}\left\lfloor\frac{\pi r_i}{p}\right\rfloor = \sum_{i=1}^{m-1}\left\lfloor\frac{\pi r_i}{p}\right\rfloor + 2\sum_{i=m}^{n}\left\lfloor\frac{\pi r_i}{p}\right\rfloor \leq \frac{\pi}{p}\left(\sum_{i=1}^{m-1}r_i + 2\sum_{i=m}^{n}r_i\right)$$

Comme :

$$Rayon\ de\ la\ n^{ième}\ rangée = r_n = r_{n-1} + e = r_1 + (n-1)e$$

Alors :

$$N = \sum_{i=1}^{m-1}\left\lfloor\frac{\pi(r_1 + (i-1)e)}{p}\right\rfloor + 2\sum_{i=m}^{n}\left\lfloor\frac{\pi(r_1 + (i-1)e)}{p}\right\rfloor$$

D'où :

$$N \leq \frac{\pi e}{p}\left(\frac{r_1}{e} - 1 + n\left(n + \frac{2r_1}{e} - 1\right) - \frac{m}{2}\left(m + \frac{2r_1}{e} - 3\right)\right)$$

On cherche encore à avoir le maximum de places en un minimum d'espace. C'est-à-dire le moins possible d'espace perdu dans les rangées. Pour cela, il faut que l'espace disponible par rangée πr_i soit le plus possible divisible par la largeur d'une place p. Pour cela on choisit encore :

$$p = \frac{\pi}{k}$$

D'où :

$$\left\lfloor \frac{\pi r_i}{p} \right\rceil = kr_i = r_1 + (i-1)e$$

On a ainsi :

$$N = k \sum_{i=1}^{m-1} (r_1 + (i-1)e) + 2k \sum_{i=m}^{n} (r_1 + (i-1)e)$$

D'où :

$$N = ke\left(\frac{r_1}{e} - 1 + n\left(n + \frac{2r_1}{e} - 1 \right) - \frac{m}{2}\left(m + \frac{2r_1}{e} - 3 \right) \right)$$

De plus, le rayon du demi-cercle du théâtre romain doit être encore au moins égal à la distance de la dernière rangée au centre de la scène. Soit :

$$\frac{L}{2} \ge r_n = r_1 + (n-1)e \rightarrow n \le \frac{\frac{L}{2} - r_1}{e} + 1 = \frac{L + 2(e - r_1)}{2e}$$

Ainsi :

$$N \le k\left(r_1 - e + \frac{1}{e}\left(\frac{L}{2} + e - r_1 \right)\left(\frac{L}{2} + r_1 \right) - \frac{m}{2}(me + 2r_1 - 3e) \right)$$

Par exemple avec :

$$si \begin{cases} p = \dfrac{\pi}{6} \approx 0,52 \; mètre \to k = 6 \\ \quad\quad e = 1 \; mètre \end{cases}$$

$$\to N \le 6\left(r_1 - 1 + \left(\frac{L}{2} + 1 - r_1\right)\left(\frac{L}{2} + r_1\right) - \frac{m}{2}(m + 2r_1 - 3)\right)$$

On peut ainsi répondre à bon nombres de questions comme précédemment avec un balcon.

5. Théâtre demi circulaire avec deux balcons

On reprend le même théâtre en y ajoutant encore un balcon demi circulaire également mais à partir de la $u^{i\grave{e}me}$ rangée jusqu'à la dernière et en hauteur bien sûr. Cela revient à tripler (par superposition verticale) les rangées à partir de la $u^{i\grave{e}me}$. On a donc :

$$\begin{cases} n = nombre\ total\ de\ rang\acute{e}es\ du\ th\acute{e}\^{a}tre\ au\ rez - de - chauss\acute{e}e \\ u = nombre\ total\ de\ rang\acute{e}es\ du\ th\acute{e}\^{a}tre\ au\ 1er\ balcon \\ m = nombre\ total\ de\ rang\acute{e}es\ du\ th\acute{e}\^{a}tre\ au\ 2nd\ balcon \end{cases} \to m < u < n$$

Et :

$$Nombre\ de\ places\ de\ n\ rang\acute{e}es + 1^{er}\ balcon + 2^{nd}\ balcon =$$

$$N = \sum_{i=1}^{n} \left\lfloor \frac{\pi r_i}{p} \right\rfloor + \sum_{i=m}^{n} \left\lfloor \frac{\pi r_i}{p} \right\rfloor + \sum_{i=u}^{n} \left\lfloor \frac{\pi r_i}{p} \right\rfloor = \sum_{i=1}^{m-1} \left\lfloor \frac{\pi r_i}{p} \right\rfloor + 2 \sum_{i=m}^{u-1} \left\lfloor \frac{\pi r_i}{p} \right\rfloor + 3 \sum_{i=u}^{n} \left\lfloor \frac{\pi r_i}{p} \right\rfloor$$

$$\to N \le \frac{\pi}{p} \left(\sum_{i=1}^{m-1} r_i + 2 \sum_{i=m}^{u-1} r_i + 3 \sum_{i=u}^{n} r_i \right)$$

Comme :

$$Rayon\ de\ la\ n^{i\grave{e}me}\ rang\acute{e}e = r_n = r_{n-1} + e = r_1 + (n-1)e$$

Alors :

$$N = \sum_{i=1}^{m-1} \left\lfloor \frac{\pi(r_1 + (i-1)e)}{p} \right\rfloor + 2 \sum_{i=m}^{u-1} \left\lfloor \frac{\pi(r_1 + (i-1)e)}{p} \right\rfloor + 3 \sum_{i=u}^{n} \left\lfloor \frac{\pi(r_1 + (i-1)e)}{p} \right\rfloor$$

D'où :

$$N \leq \frac{\pi}{2p}\big(4(r_1 - e) - m(m + 2(r_1 - e) - 1) + 3n(n + 2(r_1 - e) + 1)$$
$$- u(u + 2(r_1 - e) - 1)\big)$$

On cherche de nouveau à avoir le maximum de places en un minimum d'espace. C'est-à-dire le moins possible d'espace perdu dans les rangées. Pour cela, il faut que l'espace disponible par rangée πr_i soit le plus possible divisible par la largeur d'une place p. Pour cela on choisit encore :

$$p = \frac{\pi}{k}$$

Soit :

$$\left\lceil \frac{\pi r_i}{p} \right\rceil = k r_i = r_1 + (i - 1)e$$

On a ainsi :

$$N = k \sum_{i=1}^{m-1} (r_1 + (i-1)e) + 2k \sum_{i=m}^{u-1} (r_1 + (i-1)e) + 3k \sum_{i=u}^{n} (r_1 + (i-1)e)$$

D'où :

$$N = \frac{k}{2}\big(4(r_1 - e) - m(m + 2(r_1 - e) - 1) + 3n(n + 2(r_1 - e) + 1)$$
$$- u(u + 2(r_1 - e) - 1)\big)$$

De plus, le rayon du demi-cercle du théâtre romain doit être encore au moins égal à la distance de la dernière rangée au centre de la scène. Soit :

$$\frac{L}{2} \geq r_n = r_1 + (n-1)e \rightarrow n \leq \frac{\frac{L}{2} - r_1}{e} + 1 = \frac{L + 2(e - r_1)}{2e}$$

Ainsi :

$$N \leq \frac{k}{2}\left(4(r_1 - e) - m(m + 2(r_1 - e) - 1) + \frac{3}{e}\left(\frac{L}{2} + e - r_1\right)\left(\frac{L}{2e} - \frac{r_1}{e} + 2(r_1 - e + 1)\right)\right.$$
$$\left. - u(u + 2(r_1 - e) - 1)\right)$$

Par exemple avec :

$$si\begin{cases} p = \dfrac{\pi}{6} \approx 0{,}52 \ \text{mètre} \rightarrow k = 6 \\ e = 1 \ \text{mètre} \end{cases}$$

$$N \leq 3\left(4r_1 - 4 + 3\left(\frac{L}{2} - r_1 + 1\right)\left(\frac{L}{2} + r_1\right) - m(m + 2r_1 - 3) - u(u + 2r_1 - 3)\right)$$

On peut ainsi répondre à bon nombres de questions comme précédemment avec deux balcons cette fois-ci.

6. Conclusion

Ce simple problème peut s'étendre avec une autre forme du théâtre Romain. Par exemple, on peut reprendre nos calculs avec un théâtre carré, rectangulaire ou en demi-ellipse. On retrouvera les mêmes types de solutions.

Ces exercices, très concrets pour chacun, disposent de tous les ingrédients pour à la fois s'intéresser aux mathématiques appliquées sans trop de difficultés à tous niveau mais aussi apprendre à son rythme l'efficacité redoutable de l'algèbre dans nos interrogations du quotidien.

PLACES DANS UN THEATRE ROMAIN

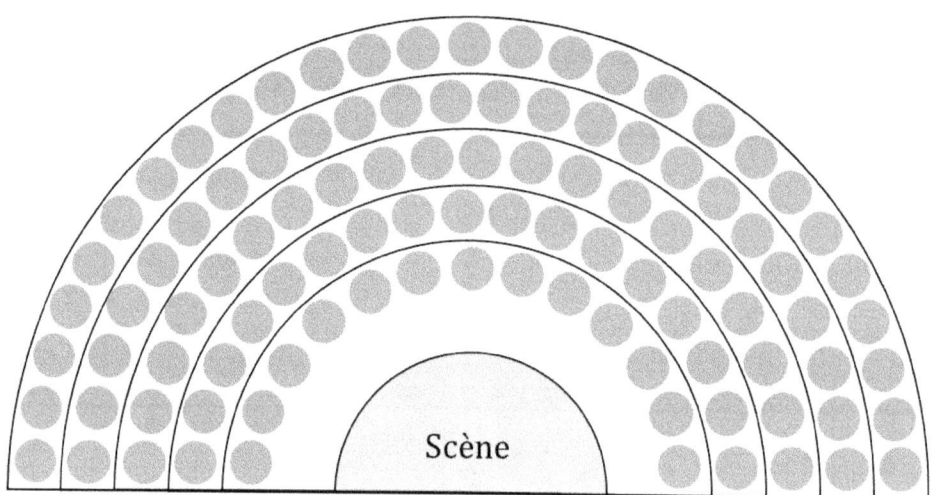